广州动物园

随身携带的动物园

谢丽华　陈足金　黄志宏——主编

张立洋——绘

中信出版集团 | 北京

图书在版编目（CIP）数据

随身携带的动物园. 广州动物园 / 谢丽华, 陈足金,
黄志宏主编; 张立洋绘. —— 北京: 中信出版社,
2024.8 (2025.3重印)
ISBN 978-7-5217-6272-3

Ⅰ.①随… Ⅱ.①谢… ②陈… ③黄… ④张… Ⅲ.
①动物园–广州–少儿读物 Ⅳ.①Q95-339

中国国家版本馆CIP数据核字（2024）第006541号

编委会

主　　编：谢丽华　陈足金　黄志宏
副 主 编：许建琳　莫嘉琪
编　　委：胡明毅　余晶　何平莉　徐嘉宽　梁炜　黎绘宏　逯俊芳　张感恩

随身携带的动物园：广州动物园

主　　编：谢丽华　陈足金　黄志宏
绘　　者：张立洋
出版发行：中信出版集团股份有限公司
　　　　　（北京市朝阳区东三环北路27号 嘉铭中心　邮编　100020）
承 印 者：北京尚唐印刷包装有限公司

开　　本：889mm×1194mm　1/20　　印　张：2　　字　数：80千字
版　　次：2024 年 8 月第 1 版　　印　次：2025 年 3 月第 2 次印刷
书　　号：ISBN 978-7-5217-6272-3
定　　价：20.00元

出　　品：中信儿童书店
图书策划：好奇岛
策划编辑：潘婧　朱启铭　史曼菲　　　　特约编辑：孙萌　　　　责任编辑：程凤
摄　　影：莫嘉琪　谭明志　颜旭妍　黄文俊　王灵敏　麦堃　林宏斌
营　　销：中信童书营销中心　　　　封面设计：李然　　　　内文排版：王莹

一切为了动物

广州动物园于1958年建成开放，占地面积近42公顷，秉承以岭南园林风格为特色的设计理念，山水园林中有自然。每天清晨，城市还在沉睡，动物们已经醒来了。广州动物园仿佛闹市中心连接自然的一扇门，轻轻推开，便是满目繁花、鸟鸣兽语的城市森林。

早晨7点，饲料间的动物营养师准时上班，忙着切肉、切水果、熬粥，他们说："猛兽每天消耗的牛肉、猪肉、鸡肉加起来有360~370斤，给鸟类吃的苹果有100多斤，每天还要准备各种鱼170多斤。"9点前，这些美食会被装上车，陆续运送到动物园各处。

早晨8点，保育员来到草食动物区的大象馆，把几只亚洲象引到室外的空地之后，开始打扫馆舍内的卫生。只要他亲切地喊一声"跃龙"，那头亚洲象身子不动，鼻子马上伸过来，卷着苹果、胡萝卜吃。

为了引导公众共同关注动物福利，广州动物园于2018年9月成立了动物丰容工作室，邀请市民参与，共同改善动物的居住环境。丰容是动物园领域的专有名词，指的是在圈养条件下，通过一系列措施丰富动物生活情趣，满足动物生理和心理需求，促进动物展示更多的自然行为，提升动物的幸福感，主要包括环境丰容、食物丰容、感知丰容、认知丰容及社群丰容等。

环境丰容是给动物的家"装修"，让它们住得舒服一点儿。比如长鬣蜥的家有自动喷淋、补光系统，植物、水池一应俱全，比较豪华。眼镜王蛇的家是一片竹林，还种着蕨类植物，地上铺着厚厚的垫层——主要是落叶。舟山眼镜蛇是广东最常见的蛇类之一，它们的家是一处农舍院子。

食物丰容是不仅要让动物吃得饱，还要有进食乐趣，还原其在野外觅食的状态。比如，把食物悬挂起来，藏在树洞中，或者放进取食器（纸箱子、粗麻袋、中空的木头、另一种食物等）里，让动物们花点儿心思才能吃到。广州动物园内有很多树木，动物们可以采食树上的叶子和果实，就像在野外一样。

感知丰容能够刺激动物们的天性，保持其在野外的本能，激发它们的活力。比如，将健康食草动物的尿液涂抹在植物上，放在老虎、金钱豹等猛兽的家里，它们会马上表现出捕猎和玩耍的兴趣，并做出匍匐、嗅闻、扑打、撕咬等一系列自然行为。

认知丰容可以是给动物们提供玩具，比如给大象做一个软底的树桩，上面套几个大型轮胎。大象经常会把它作为一个玩具，也会在上面蹭痒。

社群丰容主要指通过引进同种或不同种的动物，模拟它们在野外的原生环境。比如会让大天鹅、鸿雁等水禽生活在一起，不仅可以增加观赏效果，还可以向游客阐述生物多样性的意义。

这些是广州动物园里的琐碎日常，却是游客们很难关注到的背后故事。

除了幕后英雄，广州动物园也有很多动物明星：DNA干粉随长征十一号运载火箭进入太空的华南虎康康、齐刘海儿的白狮阿杭、国宝大熊猫——靓仔星一和靓女雅一、"炣耳朵"的马来熊安安、离世后被制成标本在园内科普长廊展出的长颈鹿海朗……欢迎来看它们！广州动物园还有非常丰富的科普活动，引导公众关注自然，爱护动物。

广州动物园园长

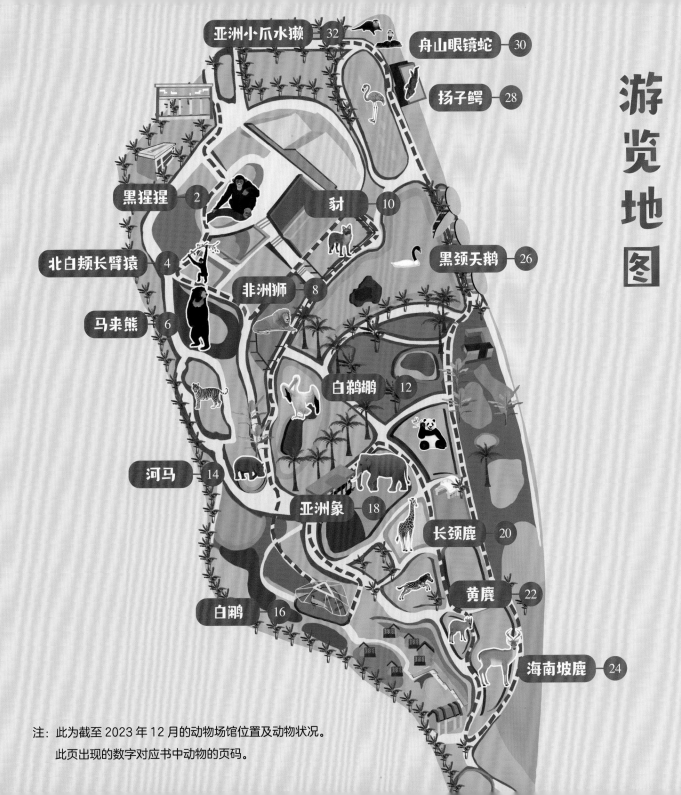

亚洲小爪水獭 32

舟山眼镜蛇 30

扬子鳄 28

黑猩猩 2

豺 10

北白颊长臂猿 4

黑颈天鹅 26

非洲狮 8

马来熊 6

白鹈鹕 12

河马 14

亚洲象 18

长颈鹿 20

黄麂 22

白鹇 16

海南坡鹿 24

游览地图

注：此为截至 2023 年 12 月的动物场馆位置及动物状况。
　　此页出现的数字对应书中动物的页码。

人类的近亲
黑猩猩

灵长动物区

黑猩猩有一对招风耳，比大猩猩和猩猩的耳朵大。

刚出生的黑猩猩，脸和手脚是肉色的，而倭黑猩猩的则为黑色。

你好，我叫乐乐，是 2018 年 6 月 8 日出生的。在野外，黑猩猩生活在非洲中部和西部的热带丛林。在广州动物园，我和爸爸洋洋、妈妈穗穗、叔叔巴马一起生活。和你一样，在我小的时候，妈妈把我看得很紧，还好爸爸偶尔会偷偷带我玩，还教会我掏白蚁、走高空吊桥！现在我是大孩子了，叔叔会经常陪我玩，它可厉害了，开核桃，拧瓶盖……样样拿手。

人类的脚　　黑猩猩的脚

黑猩猩的大脚趾和其他脚趾分离，和手的区别不大；而人的脚五趾并拢，更利于直立行走。

黑猩猩没有尾巴，猴子有尾巴。

黑猩猩和人类一样，也有指甲和独一无二的指纹。

手臂比腿长，更利于爬树。

过目不忘的本领

英国的一项研究称，由保育员特别照顾的黑猩猩，在 9 个月大之前智力要胜于同龄的人类婴儿。日本京都大学灵长类研究所则研究发现，黑猩猩的瞬间记忆力很强，只用 0.4 秒甚至 0.2 秒就能记住一幅画面上的数字顺序，这被称为"照相式记忆"。而人类可能要花上好几秒才能记住。

我们会使用工具

和人类一样，我们黑猩猩也有一双灵巧的手，会使用工具，是为数不多的会使用工具的动物之一。我们会把树叶嚼碎当作海绵来吸树洞里的水；还会把树枝或草棍伸进蚁巢里钓蚂蚁吃——我的爸爸洋洋就教会了我这项本领；也会用石头砸开坚果。著名生物学家珍·古道尔通过长期观察发现，我们会简单加工甚至是携带工具。同时她认为，这些并不是我们天生的本能，而是后天通过观察和模仿同类学到的。

荤素搭配有营养

我们的食物主要是植物的果实、叶、嫩芽、花等。在野外，我们也会吃昆虫、鸟蛋、白蚁，偶尔还会大家一起围捕小狒狒、羚羊、猴子等作为食物。在妈妈生下我之后，动物园的保育员还给妈妈煲独门"老火靓汤"下奶。

爱唱歌的精灵
北白颊长臂猿

你好，我叫宝宝，出生于 2005 年。长着黄色毛毛的这位是我的夫人，出生于 2008 年，它叫旺旺。我们感情非常好，每天一起唱歌、吃饭，在广州动物园愉快地生活，现在我们也有了自己的宝宝，名叫猿宝。长臂猿和猩猩、大猩猩、黑猩猩一起组成类人猿。类人猿是与人类亲缘关系最近的灵长类动物，但长臂猿的体形较其他类人猿要小很多，所以大家也会亲切地称呼我们为"小猿"。我们是国家一级保护动物。

猿和猴的区别

	猿	猴
尾巴	无	有
前肢和后肢的长度	前肢长于后肢	长度相当
颊囊	无	有
叫声	洪亮	较小
走路姿势	走路时肩高于臀，前肢活动范围更大且能上举，直立行走	走路时肩和臀几乎在同一水平面，前肢不能完全上举

成年雌性头顶有黑色冠斑。脸周有白毛。

成年雄性脸颊有白毛。

成年雄性的毛色是黑色的，雌性是黄色的。

长臂猿家族

自然科学界目前已命名了 20 种长臂猿，中国有 7 种，主要分布在西南地区和海南岛，包括天行长臂猿（高黎贡白眉长臂猿）、西黑冠长臂猿、东黑冠长臂猿、海南长臂猿、白掌长臂猿、北白颊长臂猿、西白眉长臂猿。其中白掌长臂猿、北白颊长臂猿在中国已野外灭绝，海南长臂猿、东黑冠长臂猿的种群数量都在 40 只以下，天行长臂猿不足 150 只，数量最多的西黑冠长臂猿也仅有 1400 只左右。长臂猿都是珍稀的国家一级保护动物。

百变长臂猿

北白颊长臂猿宝宝，无论雌雄都和妈妈一样是黄色的，这样能更好地藏在妈妈身上，不被天敌发现。半岁左右时，宝宝开始由黄变黑。到了六七岁的时候，雌性开始由黑变黄，雄性则保持黑色不变。步入老年阶段时，雌性头部和肩部又会由黄转黑。所以雌性一生要换装三次，雄性只变色一次。

爱唱歌的长臂猿

诗仙李白的千古名句"两岸猿声啼不住，轻舟已过万重山"，形容的就是我们的叫声。因为我们喉部音囊发达，叫声非常嘹亮，人在几千米外都能听到。哺乳动物有很多种，但喜欢唱歌的较少，而我们的歌声又是陆生哺乳动物中最复杂的。每天清晨，一般是家庭群中的成年雄性首先吟唱，成年雌性伴以带有颤音的共鸣，亚成体单调地应和——音调由低到高，清晰而高亢。这种习性既是群体内互相联系、表达情感的信号，也是对外宣示存在、防止入侵的手段。

世界上体形最小的熊
马来熊

你好，我是一只很疼爱家人的马来熊，名叫安安。我有两个伴侣：一个叫萍萍，一个叫华女。2021年12月14日，我升级当了爸爸，我的宝贝女儿名叫动动，它的妈妈是华女。广州动物园是目前国内极少数成功繁殖马来熊的动物园之一。我们的野外分布数量极少，圈养数量也只有不到120只，非常珍贵。我们是唯一不冬眠的熊，也是体形最小的熊，欢迎大家随时来看我们。

鼻子很柔软，吃东西时鼻子可以翘起来。

马来熊颈部的皮肤很松弛，当脖子上的皮被敌人咬住时，它们可以马上转过头来反咬敌人。

胸前有浅棕或淡白色的U形斑纹。

犬齿又粗又长。

舌头很长，有20～25厘米，十分灵活，可以帮助马来熊抓到昆虫，吃到白蚁窝中的白蚁。

能站立。前后肢都有5指（趾），爪尖不能收缩。

6

美食家

我们是杂食性动物。在野外，我们生活在炎热地带，一年到头食物比较充足，也很丰富。我们的主要食物是昆虫和植物果实，是很棒的种子传播者。我们喜欢吃蜜蜂、蜂蜜、白蚁，也吃小型啮齿类动物、蜥蜴、蚯蚓、鸟类和鸟蛋等，有时还会偷吃人类种植园里的水果。在广州动物园，除了日常食物外，保育员还会不定时给我们提供榴梿、波罗蜜、山竹、火龙果、杧果、椰子等热带水果，让我们大快朵颐！

镰刀手 —— 来自蜂蜜的诱惑

我们体形小，行动敏捷，而且前爪又弯又长，像镰刀一样，这些特征使得我们成为爬树高手。我们视力不好，但是嗅觉很灵敏，在野外，我们可以凭借敏锐的嗅觉找到蜂巢，然后身手矫健地爬上树，用前爪扒开蜂巢，蜂蜜便潺潺流出；有时也会直接把前爪伸进蜂巢蘸取蜂蜜，再用长舌头舔食，所以也有人称我们为"蜜熊"。而且我们皮糙肉厚，也不怕蜜蜂蜇。

"宠妻暖男"

我的伴侣萍萍个头儿比我大，肌肉发达，性格凶悍，在它面前，我总是低眉顺眼，所以大家都说我是"炮耳朵"（四川话），就是怕老婆的意思。我觉得我比它聪明，平时保育员给我们提供榴梿、波罗蜜、杧果等热带水果做食物丰容的时候，不管挂多高、放在哪儿、多难开，我总能想办法拿到、剥开。然而，每次在我要吃到辛苦得来的"战利品"的时候，总是被萍萍抢走。还不是因为我关爱它！

草原霸主
非洲狮

你好，我是白狮阿杭，白狮也是非洲狮，因基因突变，我的毛色变异成白色。我出生于 2009 年，2015年从杭州来到广州动物园。2022 年，我因齐刘海儿火遍全网。因为我已经步入中老年，头部的鬃毛较软，下雨或者天气潮湿的时候就会塌下来。我的发型多变，四六分、三七分、中分、齐刘海儿、大背头都有可能。欢迎来猛兽区看我，不知你来的那一天我是什么发型呢？

雌狮和雄狮长得不一样，雄狮头部至颈部有长长的鬃毛，而雌狮没有长鬃毛。

尾巴相对较长，末端有一簇深色长毛。

非洲有非洲狮，亚洲有亚洲狮。

非洲狮耳朵是半圆形的。

小狮子身上有斑点，方便它们隐藏自己。

通常喜欢在夜间活动。

8

狮群的成员

我们狮子是唯一一种群居的猫科动物。一个非洲狮狮群有 9~20 只狮子，其中有多只雌狮，至少一头成年雄狮，以及一些成长中的小狮子。一般由雌狮负责狩猎和哺育小狮子；雄狮负责保卫领地，在对付一些大型猎物或者与鬣狗抢食时，就该雄狮出马了。捕猎时，我们会利用草原上的高草、灌木丛和蚁丘等掩蔽自己，接近和伏击猎物，通常是团队协作，这要比单兵作战成功率高。

狮吼

雄狮和雌狮的吼声都如雷鸣般响亮，分贝数和小型飞机起飞时的不相上下。我们大多在黄昏和黎明时吼叫，因为这时环境较安静，声音传得最远，在良好的条件下，我们的吼声能传 8 千米。我们吼叫是为了宣示领地主权，起到警告闯入者的作用。同时，吼声也是我们相互联系和交流的手段，告诉同类我们的身份和具体位置。因而，流浪的雄狮甚至在未见到对手之前，就能够判定这一地区有多少雄狮、雌狮，以及它们的力量如何。

舐犊情深

狮子妈妈舔舔刚出生的狮子宝宝，是为了：

1. 舔去宝宝身上的气味，以免被我们的敌人——鬣狗发现。

2. 舔掉宝宝身上的羊水，以免宝宝身上的热量被羊水带走。

3. 增进彼此的感情：一方面让宝宝记住妈妈的味道；另一方面是妈妈把自己的气味留在宝宝身上，也可以更好地识别自己的宝宝。

4. 促进宝宝排便。

亚洲"红狼"

豺

猛兽区

你好，我是豺，豺狼虎豹的豺，在动物园中，其他3种更常见一些。我和3个伙伴共同生活在广州动物园的猛兽区。在全世界范围内，我们的种群数量只剩下了不到1万只，急需保护和关注。在中国的犬科动物中，只有我们是国家一级保护动物。

耳朵又大又圆，耳朵内的毛是白色的。

尾巴较粗，毛蓬松下垂，末端为黑色。

喉部和腹部为棕白色，有时略杂有红色。

豺擅长游泳、跳跃、攀岩等，是现存犬科动物中本领最多、最灵活的。

体长约1米，体色通常为棕红色。

雌豺当家做主

我们豺是群居动物，一个种群通常包括 5~12 个成员，首领是雌豺，其他成员有首领的丈夫、成年雄性帮手以及幼崽。我们成年后通常不会立即离开家庭，而是会留下帮忙照顾弟弟妹妹。与狮子不同，我们成年后，雄性往往留在出生地附近，而雌性则会扩散，长途跋涉加入其他豺群，或者吸引其他豺群中的雄性，与其组成新的家庭。豺群内部不像狼群那样等级森严，成员之间和睦友爱。捕到猎物后，会让幼崽先吃，然后才轮到首领及其他成年的豺。

团队出击，分批作战

豺群很有仪式感，狩猎前，成员之间会互相碰碰鼻子、摩擦身体等。在追击猎物时，成员分批次投入战斗：一般情况下，同一时间只有几只豺快速追逐猎物，其余成员在后面保持稳定速度以节省体力，等前面追逐猎物的同伴跑累了，后面的会接替，直到猎物精疲力尽被捕获。一旦围住一只大型猎物，豺群会前后左右一齐进攻，利用锋利的爪子和牙齿抓咬猎物。所以，尽管我们体形小，却成为豺狼虎豹四大猛兽之首。

豺和狼、赤狐的区别

	豺	狼	赤狐
体形	居中	最大	最小
毛色	棕红色	毛色随产地而异，通常上部黄灰色，略混黑色，下部带白色	毛色变化很大，一般呈赤褐、黄褐、灰褐色
尾巴	尾尖黑色	尾尖黑色	尾尖白色
生活习性	群居	群居	独居
分布范围	亚洲	亚洲、欧洲、北美洲	亚洲、欧洲、北非

大嘴吃四方
白鹈鹕

观鹭湖

你好，我是白鹈鹕，生活在广州动物园的观鹭湖。我们是一种喜爱群居的大型水禽，成年后体长可以达到1.4~1.75米。我们拥有一对宽大有力的翅膀，翅展能达到3米，擅长飞行和游泳。别看我们走在路上步履蹒跚，跳进水中瞬间就变身水上芭蕾舞者。我们最明显的特征就是嘴巴大，正所谓"大嘴吃四方"。我们是国家一级保护动物。

飞行时头向后缩，颈部弯曲成S形；游泳时，颈部常弯曲成乙字形。

上喙末端有弯钩，可以帮助它们梳理羽毛，还能把尾脂腺的油脂均匀涂抹到羽毛上。

繁殖期脑袋后面有一簇白色冠羽。

白鹈鹕宝宝是灰褐色的。

白鹈鹕的脚是肉粉色的，有4个脚趾，脚趾与脚趾之间有全蹼相连，可以帮助它们更好地游泳。

白鹈鹕的喉囊不仅是捕鱼神器，还是散热器。上面有丰富的血管，白鹈鹕抖动喉囊，就是为了更好地散热。白鹈鹕用颈椎顶喉囊，则是为了清理喉囊。

胸前有一簇黄色的羽毛。

起飞时，在水面快速扇动翅膀，双脚在水中不停划水，逐渐加速，慢慢飞上天空。一旦落在陆地上，起飞非常困难。

大嘴好处多

我们的嘴巴非常大，长近 40 厘米，下颌还有个可以自由伸缩的喉囊。捕鱼时，我们会张开大嘴，连鱼带水都收入囊中，一次可以装十几升；然后闭上嘴巴，收缩喉囊，把水挤出来。我们不会咀嚼，因为我们没有牙齿。我们会在喉囊中调整鱼的角度，等鱼头朝向喉咙的方向才吞咽。有时我们也会团队合作，排成直线或围成半圆形，一起把鱼群赶到浅水区域，这样就方便我们用喉囊兜食鱼了。

防水的羽毛

我们的尾脂腺能分泌油脂。闲暇时我们会用嘴巴蘸取这种油脂并涂抹在全身每一根羽毛上，这样既可以使我们的羽毛更加光滑柔软，还可以起到防水的作用。但是我们的尾脂腺没有天鹅、雁鸭等的发达，防水效果不是特别好，羽毛会沾湿，所以有时我们需要张开翅膀晾晒一下。

"鹕口夺食"

我们是卵生动物，是一夫一妻制的，孵化和育雏任务由父母共同承担。父母轮流孵化，经过 29 ~ 36 天，我们就会破壳而出了。刚孵化出来时，我们还不能吃完整的鱼，需要父母把半消化的食物吐在巢穴里给我们吃。再长大一点儿，我们会把脑袋伸进父母的喉囊里取食，所以大家就会看到"鹕口夺食"的画面了。当我们独立后，就能自己捕鱼啦！

陆地大嘴王
河马

猛兽区

你好，我叫七仔，出生于 2022 年 5 月 28 日，是妈妈的第 7 个孩子。我的妈妈是泳泳，外婆是清清，外婆有 14 个孩子，是位"英雄母亲"。我们河马是陆地上体形仅次于大象和白犀的哺乳动物，觅食、产子、哺乳都在水中进行。在淡水物种中，我们是体形最大的，是大河的主人。最新的 DNA 测序表明，我们与鲸的亲缘关系最近。

河马的眼睛、鼻孔、耳朵都长在头顶上，几乎在同一平面上。当河马全身泡在水里时，方便观察和呼吸。

河马的尾巴较短。它们排便的时候，会快速甩动尾巴，将粪便扫射到更远的地方，标记领地。

河马身上没有汗腺，但能分泌一种黏稠的微红色液体，这种液体能够保护河马不受紫外线伤害，还可以使它们免受蚊虫叮咬。

河马是偶蹄目动物，前后肢都相对短，有 4 指（趾）。4 指（趾）的大小差不多，略有蹼。

河马的皮肤很厚，背部和身体两侧的皮肤厚度能达到四五厘米。

大河的主人

虽说我们是大河的主人，但我们并不会游泳，只能潜水。厚厚的皮下脂肪使我们在水中有很大的浮力。在浅水区，我们也像在岸上一样走路，强大的大腿肌肉可以帮助我们克服水的阻力；到了深水区，我们就只能狗刨式前进了。我们之所以喜欢泡在水里，是因为我们的皮肤非常敏感，如果长时间离开水就会干裂。

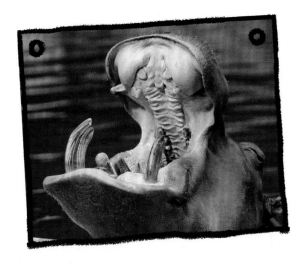

陆地大嘴王

我们有硕大的头和巨大的嘴，比现存陆地上任何一种动物的嘴都要大，轻轻松松就能张到 90 多度，打架的时候，超过 130 度也是常有的事儿。我们的咬合力可是动物界的第一名呢。大头大嘴当然要配大牙啦，我们的门齿和犬齿均呈獠牙状，是进攻的主要武器。下犬齿的长度可达六七十厘米，而且硬度极高。

暴脾气上来，谁也拦不住

我们看起来温和又憨直，但暴脾气上来时，也挺吓人的。在非洲，每年都有人和动物死于我们的嘴下，我们的"犯罪记录"要超过狮子、非洲象、非洲野牛等动物。其实我们不好战，只是我们的领地意识很强。另外也不要靠近小河马，否则护崽心切的河马妈妈就要发起攻击了，它们会拼尽全力解决掉孩子身边所有的潜在威胁。

林中仙子
白鹇鸟

你好，我们是白鹇，是一种美丽的大鸟，我们被选为广东省的省鸟，还享有"林中仙子"的美誉。我们自古就是文人墨客笔下的常客，诗仙李白曾写下"白鹇白如锦，白雪耻容颜。照影玉潭里，刷毛琪树间"的诗句。明清两代则将我们作为五品文官朝服上的图案。我们是国家二级保护动物。

白鹇脸是红色的。在繁殖季，雄鸟脸部的裸出部分会明显胀大，颜色鲜红鲜红的。

雄性白鹇背部和两翼白色，长冠及下体全部纯蓝黑色，身上布满V字形的黑纹。

雌性白鹇和白鹇宝宝都是棕色的。

雄性白鹇有长长的尾巴，尾羽上的黑纹越向后越小，逐渐消失。

雄性白鹇有距，就是腿后面突出像脚趾的部分。腿、脚都是红色的。

不白的白鹇

我们和家鸡、孔雀等鸟类一样，在生物分类上属于鸡形目雉科。通常来讲，雉科鸟类，雄鸟光彩夺目，雌鸟颜色暗淡。这是因为：雌鸟要负责产卵、孵蛋、养育雏鸟，在野外，不显眼才不容易被天敌发现，从而更好地保全自己和孩子；而雄鸟越鲜艳越能获得雌鸟的青睐。遇到危险时，作为"颜值担当"的爸爸会故意吸引天敌的注意，将天敌引开，从而保护妻儿。

鹇类家族

中国一共有 3 种鹇，除了白鹇，还有黑鹇和蓝腹鹇。蓝腹鹇是我国台湾省的特有鸟类，属国家一级保护动物。广州动物园近几年一直在进行蓝腹鹇繁育研究，成果显著，有了近百只的种群，目前在国内动物园中算是较大的。黑鹇跟白鹇一样，属于国家二级保护动物，在我国分布在云南、西藏等地。

动物园的"野放"白鹇

在广州动物园，特别是在"飞禽大观"附近，游客可能会在笼子外的树林里邂逅我们。时常有热心游客找园方反映有鸟逃出来了，也有人以为我们是野生白鹇。我们在广州自然是有野外种群分布的，在白云山、火炉山、植物园一带都有人见到过。但是在广州动物园里看到的其实是专门"野放"的，是这里小生态的一部分，使我们能够展示更多的自然行为。在观赏我们的时候，不要惊扰、投喂，更不能拔我们的羽毛，否则可能会使自己受伤——我们可是会啄人的！

亚洲现存最大的陆生哺乳动物
亚洲象

草食动物区

你好，我叫宝龙，出生于 1976 年，是不是比你的爸爸妈妈年龄还大？我和弟弟跃龙都是"名门之后"。当年，我们的妈妈伊龙是越南的胡志明主席送给中国的，周恩来总理将它安排在广州动物园。妈妈作为外交友好使者来到园里，与来自印度的八宝喜结良缘，诞下了我们。亚洲象在中国是国家一级保护动物。

"隔空喊话"

象妈妈会用鼻子抚摸小象；成年象之间也会将鼻子互相缠绕，交流感情。在野外，我们会用次声波"隔空喊话"，与远处的象交流，次声波与超声波相反，是低频的声音，人类是听不见的，次声波可以传播十几千米。我们还可以通过跺脚的方式与几十千米外的同伴交流，震动信号会顺着远处的象的脚掌通过骨骼传到它们的耳内。

爱洗澡的大象

我们的活动场有水池、沙堆和泥坑，因为我们酷爱水浴、沙浴、在泥浆里打滚儿：在炎热的日子里，水浴能帮我们防暑降温；而沙子则可以起到防晒霜和防蚊水的作用；我们的皮肤很粗糙，但却有点儿敏感，尤其是褶皱间的皮肤非常脆弱，有的褶皱缝隙深达十几厘米，在泥里打滚儿时，这些缝隙就被泥巴填满了，不仅能保护我们的皮肤，还可以防止蚊虫叮咬。

非洲象与亚洲象的区别

非洲象体形大

头顶扁平

耳朵较大，从上到下能达到 1.5 米

背脊向下凹陷，腰部高

肤色深灰，皮肤褶皱多

末端有两个指状肉突

森林象前肢 5 指，后肢 4 趾
草原象前肢 4 指，后肢 3 趾

亚洲象体形小

头顶有两个鼓包，俗称智慧瘤

耳朵相对较小

背脊呈弧状，中间高

肤色为灰色或棕色，皮肤更细腻

末端有一个指状肉突

前肢 5 指，后肢 4 趾

19

世界上现存最高的陆生动物
长颈鹿

草食动物区

雄性长颈鹿能长到 6 米高。长颈鹿刚出生时就有 1.5~1.8 米高，出生约 1.5 小时后就能站起来并行走了。

长颈鹿头顶上有一对骨质短角，外面包着皮肤和绒毛。雄性额头中央还有一个骨质凸起，雌性没有。

每只长颈鹿的花纹都是独一无二的。

长颈鹿的舌头长达四五十厘米，呈青紫色，可以防止其在采食时被太阳晒伤。长颈鹿不仅会用舌头卷取植物，还能用舌头挖鼻孔、掏耳朵。

成年雄性长颈鹿的脖子平均 2.4 米长，但是它们和人类一样，只有 7 块颈椎骨。

长颈鹿走路顺拐；奔跑则是前后蹄交替着地。

长颈鹿的蹄子十分坚硬，能把狮子的骨头踢碎。

你好，我叫海杰，2013 年 4 月 23 日出生。广州动物园有个不成文的规定，新出生的动物宝宝可以用保育员的名字命名，我们家族是"海"字辈，我的保育员名叫阿杰，所以我叫海杰。我的爸爸是海朗，它在广州动物园生活了 21 年，是园里饲养最久的长颈鹿。遗憾的是，它于 2021 年 10 月去世了，为了纪念它，动物园将它制作成标本，在科普长廊"生命的地图"展馆内展出。

长颈鹿与金合欢树的相爱相杀

在野外，我们最爱吃金合欢树的叶子。但金合欢树聪明得很，想了很多办法阻止我们。它们的枝干长满了刺，不利于我们下口，如果我们吃了，在我们吃完第一口的 10 分钟内，叶子还会分泌单宁酸，让我们感到恶心想吐。金合欢树还会释放乙烯，向周围的同伴发出信号，让它们提前分泌单宁酸。当然我们也有对策，我们会在逆风的位置吃金合欢树的叶子。

出色的哨兵

我们长颈鹿"惜字如金"，因为声带中间有个浅沟，脖子又很长，叫起来比较费劲。在野外，我们凭借身高优势，成为非洲大草原上最出色的哨兵，很多动物喜欢围绕在我们身边。如果有捕食者靠近，我们就会迅速奔跑，其他动物就会知道危险来了，所以用不着发出呼叫的声音。

奇特的睡觉方式

在野外，我们通常一天睡两小时左右，而且一般是站着睡觉，因为拥有大长腿的我们从地上站起来需要大约 1 分钟时间，这会使我们很容易受到捕食者的攻击。为了缓解疲劳，我们睡觉时可以把头靠在树枝上。在没有捕食者的动物园里，你才能看到我们趴下休息。我们睡觉的时候喜欢把腿蜷到肚子下面，将头靠在臀部。

中国体形最小的鹿
黄麂

你好，我是黄麂，也叫小鹿，是中国特有的鹿，也是中国体形最小的鹿，成年后也就和刚出生的人类小宝宝差不多高。在广州动物园，我和 40 多个伙伴一起生活，我们的家大约有 1500 平方米，在这里我们可以自由奔跑。其实我们是地道的"老广"，广东是我们的自然分布区，如果大家运气好，是有机会在白云山看到我们野外的小伙伴的。

眶下腺大，呈弯月形。两眼之间有平行的额腺。

受到惊吓时，会竖起尾巴，露出下面的白毛，起到警示和迷惑敌人的作用；然后低下头，以跳跃方式拼命逃跑。

黄麂有固定的排便的地方。

雄性与雌性的区别

	雄性	雌性
角	有角	无角
獠牙	有獠牙，争夺配偶时打架用	无獠牙
额头	有 Y 字形的黑色条纹	有一整块类似盾牌形状的黑斑

雌性黄麂在带着幼麂行进的时候，也经常会翘起尾巴，方便幼麂跟着自己。在森林环境中视野不佳，白毛就像信号灯一样明显，起到视觉引导的作用。

我有4个胃

大家有的时候会看到我们腮帮鼓鼓的，还不停地嚼来嚼去，像家猫发腮了似的，其实那是我们在反刍。因为天敌比较多，吃饭的时候我们也要保持高度警惕，没时间细嚼慢咽，将食物粗粗咀嚼后就咽下去，等到了安全的地方，再将半消化的食物从胃里返回嘴里，再次咀嚼。和牛一样，我们也有4个胃。

谁发出的狗叫声

我们性情机警、胆小谨慎，对声音很敏感。一点儿风吹草动都有可能把我们吓到。在野外，一旦受到惊吓，我们就会迅速逃跑，并发出短促响亮的类似狗叫的声音，向同伴发出警报，因此我们也被称为"吠鹿"。大家来动物园看我们的时候，千万不要故意吓我们，如果惊吓过度我们是会应激猝死的。

蹭脑袋留气味

我们经常蹭脑袋，在树干上蹭，在地面上蹭……在一切我们够得到的地方蹭蹭蹭，还一边蹭一边舔。这是为什么呢？我们是一种领地意识非常强的动物，在我们的两眼之间长有两个额腺，眼睛下方还各有一个眶下腺，我们蹭来蹭去就是要在各个地方留下自己的气味标记领地，向别的黄麂宣示：这是我的地盘，你们不要过来呀！在广州动物园，我们的家里有很多大大小小的木桩，这是保育员专门给我们蹭脑袋用的。

琼岛精灵
海南坡鹿

你好，我叫大广州，出生于 2013 年 9 月。我爸爸是大海南，是我们这群坡鹿的鹿王。我国海南省三亚市景区鹿回头的鹿指的就是我们哟！由于栖息地减少和盗猎，20 世纪 70 年代，我们的种群一度只剩下 26 只。经过多年保护，目前我国坡鹿的数量已经恢复到 2000 多只，一个行将灭绝的物种又渐渐恢复了生机。我们是国家一级保护动物。

从侧面看，鹿角呈 C 形，向前方弯曲。

雌鹿没有角。雄鹿的角每到六七月份就会自然脱落，从角座重新长出幼角，也就是鹿茸。

尾巴背面是棕色的，腹面是白色的。

脊背中央有一条黑褐色脊带纹，脊带纹两侧点缀着白色花形斑点。

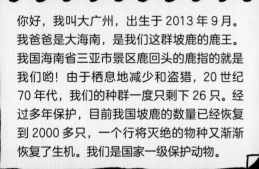

大胃王

我们和骆驼、牛、羊一样，有 4 个胃，会反刍。成年雄鹿一天能吃掉约 40 千克的食物，相当于自身体重的一半。在广州动物园，我们主要吃象草、红萝卜、苹果和复合饲料，偶尔吃一点儿桑叶。我们最喜欢吃的就是桑叶了，但是桑叶水分多，而且富含蛋白质，保育员怕我们拉肚子，不让我们吃太多。在野外，我们采食的植物有 200 多种。

我们不是梅花鹿

其实我们跟梅花鹿算是半个亲戚，游客常常因为我们身上的皮毛和帅气的鹿角而误认为我们是梅花鹿。我们小时候身上零星分布着白色斑点，但长大后只有背侧还点缀着斑点；而梅花鹿只有夏天才有白色斑点，冬天没有。还有一个最明显的区别，我们雄鹿头顶上的角是 C 形的。

"撒尿和泥" 吸引伴侣

如果你看到的海南坡鹿满身泥巴，那就证明其进入了繁殖期。雄性坡鹿通过"撒尿和泥"的方式把身上弄得脏兮兮的，让身体的气味浓重一点儿，这样才能吸引母鹿的注意。雄性坡鹿还会在角上挂些树枝和青草，使自己看起来更强壮。在我们的世界里，只有角大、身体强壮、带点儿味道，才是真正的帅哥。过了繁殖期，我们就不会再进行泥浆浴了！

"丑小鸭"搭上"天鹅船"
黑颈天鹅

你好，我们是黑颈天鹅，看看我们的外形就知道我们为什么叫这个名字啦！我们是一种珍稀鸟类，家乡在南美洲，体长1米左右，是世界上体形最小的天鹅，喜欢群居生活。我们住在广州动物园的雁鸣湖里，欢迎大家来看我们哟！

眼部有一条白色条纹向后延伸。

前额有鲜红色的疣突。

宝宝的羽毛是灰白色的。黑颈天鹅经常带自己的宝宝晒太阳，以使宝宝的羽毛保持干爽。

黑颈天鹅身上的羽毛是白色的，头部和脖子是黑色的。

跗跖和蹼均为肉粉色，而在中国自然分布的几种天鹅，腿都是黑色的。

一夫一妻，不离不弃

到了繁殖季节，那些还没有成家的雄性黑颈天鹅就会使出浑身解数来求偶，甚至还会有争斗。当遇到心仪的雌性时，它们会用叫声来表达爱意，还会不停地扭动脖子、扇动翅膀，好像在跳舞。我们是一夫一妻制的，一旦求偶成功就会终生相伴、不离不弃。在迁徙途中，也会相互照应，从不分离。

迎接宝宝

我们的繁殖期一般从 7 月开始，如果食物比较丰富，2 月就开始了。夫妻俩会寻找一个僻静的地方搭窝、产卵，每次产 4~8 枚，但不是所有的卵都能成功孵化。孵化期为三四十天，孵化工作主要由黑颈天鹅妈妈承担，爸爸会在附近警戒，当妈妈要离巢寻找食物时，爸爸会接替妈妈继续孵化。广州动物园每年都有新生的黑颈天鹅宝宝。

天鹅船

黑颈天鹅小宝宝游泳技能不是很好，如果被天敌发现会很危险，所以要经常待在爸爸妈妈的背上，我们可是一出生就有"天鹅船"坐。小宝宝练习游泳时，像滑滑梯一样从爸爸妈妈的背上滑入水中。我们长大后也会驮自己的宝宝。来看我们的时候可以留意一下"天鹅船"上有没有宝宝。

中国特有的鳄鱼
扬子鳄

你好，我是扬子鳄，俗称"猪婆龙"，在古代被称为鼍。别看我像一截漂在河中的烂木头，我可是现存最古老的动物之一，和恐龙同时代，在地球上已经生存了两亿年之久。人们平时也会叫我鳄鱼，但其实我是爬行动物，是中国特有种，国家一级保护动物，野生个体主要分布在安徽南部，仅 200 条左右，处于极度濒危状态。我们是少有的会冬眠的鳄。

扬子鳄宝宝是黑色的，身上有橘红色横纹。

扬子鳄的鳞片上具有很多颗粒状和带状纹路。

扬子鳄的性别是由孵化温度决定的。孵化温度高时，孵出来的全部是雄鳄；如果温度相对较低，孵出来的就全是雌鳄；温度在 30℃左右时，孵化出的雌雄比例相当。

眼睛呈土色。

尾巴长而侧扁，粗壮有力，在水里能推动身体前进，也是攻击和自卫的武器。

扬子鳄四肢粗短，前肢 5 指，指间无蹼；后肢 4 趾，趾间有微蹼。爬行和游泳都很敏捷。

扬子鳄可以终生换牙，牙齿尖锐锋利，但是不能撕咬和咀嚼食物，只能吞。晒太阳时经常会张开嘴巴。

扬子鳄营造洞穴的本领非常高超，它们的洞穴有出入口、通气口，还有适应各种水位高度的侧洞口。洞穴内，道路纵横交错，好似一座地下迷宫。

鳄鱼的眼泪

在西方古代传说中，鳄鱼在吃别的动物的时候，常常流眼泪，像是不忍心似的，于是人类就用"鳄鱼的眼泪"来比喻虚假的同情和怜悯。其实，鳄鱼流眼泪是为了滋润眼睛。但是我们扬子鳄的泪腺很小，分泌出来的物质较少，达不到"流泪"的程度，至多算是"泪眼蒙眬"。而且我们的泪腺通过泪小管连通泪管，进入鼻腔中了，所以很难看到我们流泪。我们进食的时候更容易流泪，是因为咬合动作会使空气冲击鼻窦，进而刺激泪腺分泌眼泪。

"死亡翻滚"

"死亡翻滚"是鳄鱼对付体形庞大的猎物的必杀技。我们的咬合力极其强大，猎物被我们咬住是很难挣脱的。咬住猎物后，我们会在水里不断地进行 360 度翻滚，所以很多猎物是被淹死或者被水呛晕的，并不是被我们咬死的。只要它们不动弹了，我们就可以慢慢享用了。

长寿秘诀

我们和其他鳄鱼一样，寿命和人类差不多。我们用肺呼吸，血液中有一种神奇的球状氨基酸链，其携氧能力比其他动物的强百倍，这也是我们能在水下潜伏两三个小时的原因。我们还有强大的免疫系统和超强的自愈功能，哪怕我们生活在沼泽、水塘等细菌、病毒很多的恶劣环境中，科学家也没有在我们的身体里发现致命病毒。即使我们在打斗中遍体鳞伤，也很快就能恢复。所以我们很少生病，而且长寿。

中国十大毒蛇之一
舟山眼镜蛇

咝咝咝，你好，我叫小龙舟。保育员说，"小龙"指的是蛇，而我是一条舟山眼镜蛇，所以加了"舟"字。看我昂首挺胸前进的气势像不像龙舟？嘻嘻。我们在中国分布很广，之所以叫作舟山眼镜蛇，是因为我们最早在舟山被发现和命名。"中华眼镜蛇""饭铲头"等指的也是我们。虽然保育员小哥哥给我起的名字很可爱，但我可是不容挑衅的哟，不然我的毒牙不仅能咬人，还能隔空喷出致命毒液！

舟山眼镜蛇的毒牙是前沟牙。

蛇没有眼皮，眼球上面覆盖着一层透明的角质膜，会随着蜕皮而脱落。

颈背有眼镜状斑纹。

前半身立起来时，颈部肋骨向外膨起，使前半身看起来就像饭铲头。

身上有白色的细环纹，年幼个体尤其明显，而年老个体身上的环纹则模糊不显。

舟山眼镜蛇曲线爬行，肌肉力量强大，沿墙壁向上也能爬很高。

鳞片会反光，发出金属光泽，但蜕皮的时候，鳞片无光泽。鳞片之间有鳞间沟，使蛇能弯曲自如。

致命的毒液

我们的毒液是神经毒素、血循毒素和细胞毒素的混合毒。神经毒素可以使人呼吸困难、视力模糊；血循毒素会引起身体局部肿胀、溃烂。被咬的人有没有生命危险，主要看毒素的量，如果我们毫不吝惜地将毒液通过毒牙全都注入一个人的身体里，而那个人又没有被及时注射抗眼镜蛇毒血清的话，是会有生命危险的。注意咯，抗蛇毒血清有很多种，分别针对不同种类的蛇，可不能乱用！

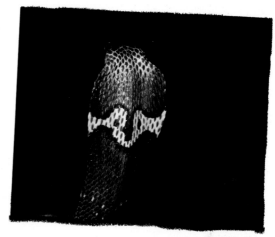

（此图片由广东省科学院动物研究所蛇类专家张亮提供）

移蛇大法

我们在广州动物园的家是一个废弃的农舍院子，这种环境里的老鼠是我们很喜欢的食物。保育员要进来清扫、消毒或者给我家做丰容的时候，会先将我临时转移到别的地方。他们打开外面的门，隔着纱网找到我，再拿一个专门的钩子，让我舒舒服服地挂在上面，然后迅速转移到胶桶或其他容器中。

"打草惊蛇"

人类不是我们的食物，我们其实并不喜欢咬人，因为那会白白浪费我们宝贵的毒液，而我们积攒毒液需要一周甚至更久的时间。但是我们会把人类视作威胁，所以不要乱闯我们的地盘，不要挑逗我们，更不要碰我们！如果你们要去可能会有蛇的地方，要穿长衣、长裤、高帮鞋。在草丛里行走时，拿根棍子或登山杖"打草惊蛇"。不要徒手翻石头、探洞穴。另外，还要注意头顶上方是否有蛇。

可爱的"嘤嘤怪"
亚洲小爪水獭

水獭馆

你好，我叫壮壮，在广州动物园的亚洲小爪水獭家族里，我的体形最大，但是在全世界现存的 13 种水獭中，我们亚洲小爪水獭却是最小的。我们生性活泼，行动敏捷，好奇心强。在中国一些地区，有"水鬼""水怪""水猴子"的传说，实际上指的多是水獭。我们是国家二级保护动物。

共有 34 颗牙齿。犬齿呈圆锥形，上犬齿比下犬齿长。臼齿发达，可以磨碎虾、蟹等猎物的坚硬外壳。

潜水时，鼻孔和耳道的小圆瓣能关闭，防止水进入体内；眼睛则由一层透明薄膜保护。

尾巴扁扁的，在游泳时可以充当桨和舵，控制平衡以及方向。

亚洲小爪水獭的指（趾）爪非常小，不凸出于指（趾）尖，指（趾）甲只有小米粒大小。指（趾）间有半蹼，擅长游泳和潜水。

背部咖啡色，喉部浅黄白色，腹部灰白色。

水獭馆的特殊气味

我们的尾巴下面有腺体，可以分泌气味浓烈的物质，我们利用这种物质与同伴进行信息交流和标记领地。所以大家来玩的时候，如果闻到了这种味道，可不要以为是保育员偷懒没有打扫干净哟。

"嘤嘤怪"

和人类一样，声音也是我们和同伴交流的主要手段。我们可以发出十几种不同的声音来表达不同的需求，比如在动物园生活的我们，每次开饭前都会"叽叽叽"或"嘤嘤嘤"地叫，呼唤保育员快点儿"上菜"；吃饱了互相打闹时会发出短促的"叽叽"声；若是感到不舒服或觉得有危险，我们会发出像老人咳嗽般低沉的"哼"声来警告对方。大家来玩的时候可以仔细听听，看看你能分辨出多少种不同的声音。

长相可爱的食肉动物

别看我们长得萌，我们可是不折不扣的食肉动物，是淡水水域的顶级捕食者，水里游的鱼虾蟹甚至陆地上的蛇和蜥蜴都是我们的盘中餐。在广州动物园，保育员每天都给我们活的泥鳅、禾花鱼和贝类等食物，过年过节还有大闸蟹吃，夏天还会有泥鳅冰棒，伙食相当好！所以大家来看我们的时候，可千万不要把你们的零食给我们吃，会让我们吃坏肚子的。

人类的好伙伴——野生鸟类

动物园内环境优美宁静，草木郁郁葱葱，宛如一个自然乐园，吸引了众多鸟类前来栖息、繁衍，它们自由来去，也给动物园增添了额外的景观。下面就来看看你在广州动物园里有可能见到哪些鸟类朋友吧。

暗绿绣眼鸟

你好，我是暗绿绣眼鸟，眼周的一圈白色短毛就像被精心绣上去的，因而得名，在广东也被称为相思仔。我们身材娇小，体长只有 10~11.5 厘米，体重 7~10 克。我们十分喜欢吃花蜜，舌尖也长成了小刷子的样子，便于取食花蜜花粉。我们也吃昆虫和植物的种子。

红耳鹎

你好，我是红耳鹎，是典型的南方鸟。我们长大后头顶有高耸的黑色羽冠，眼睛下方有鲜红的斑块，就像脸颊上的腮红。我们体长 18~20.5 厘米，体重 26~43 克。我们性格活泼，胆子大，在城市里你也能经常见到我们的身影。

白胸苦恶鸟

你好，我是白胸苦恶鸟，从脸部、脖子到胸部都是白色的，所以也被称为白面鸡。我们属于中型涉禽，体长 28~33 厘米，体重 163~258 克。我们不擅长飞行，善于奔走，会游泳。我们在繁殖期常常会发出"苦恶、苦恶、苦恶"的叫声，因而得名。南宋诗人陆游有诗云："不知姑恶何所恨，时时一声能断魂。"这里的姑恶就是白胸苦恶鸟。

领角鸮

你好，我是领角鸮，是一种猫头鹰。我们是真正的"夜猫子"，白天躲藏在树上浓密的枝叶间，晚上外出觅食，飞行时没有声音。我们体长 23~25 厘米，体重 100~170 克，属于小型猛禽，主要捕食鼠类、蛙类、小型鸟类和大型昆虫等。我们头上有明显的耳羽簇，但那可不是耳朵哟。

鸟类在生态系统中扮演着重要角色，它们是食物链的关键环节，许多鸟类以昆虫为食，有助于控制害虫的数量，保护农作物和森林等。鸟类是地球上生物多样性的重要组成部分，它们的减少甚至灭绝不仅会影响生态系统的稳定性，也可能对人类的生活和经济活动产生负面影响。鸟类是我们在城市中最容易接触到的野生动物之一，每个人都应该积极参与到鸟类保护行动中来，共同守护这些美丽而珍贵的生灵。

广州动物园中的千年文物

想不到吧？你在广州动物园里除了看动物，还能看文物！广州动物园有国内动物园中独一无二的对外开放的古墓。

广州是全国首批历史文化名城，文物资源丰富。广州动物园所在的麻鹰岗属广州城区及近郊划定的16个地下文物埋藏区之一，是重要的考古之地。随着广州动物园的建设发展，从20世纪50年代以来，考古发掘的镏金铜俑、完整东汉砖室墓、唐代端砚、陶生肖俑等珍贵文物，记录和见证了这片南粤古城的过往，为研究广州历史和岭南文化提供了重要史料，为公众展现别样"地下广动"，演绎"神兽守护文物"的神秘故事。

2012年，广州动物园在对犀牛馆进行场地升级改造的过程中，发现并发掘出完整的东汉砖室墓（距今1900多年），这是广州已知年代最早的纪年墓，也是继西汉南越王墓之后，广州城市中心区原址保护并展示的第二座古墓葬。整个古墓平面呈"中"字形，分墓道、横前堂、后室三大部分，考古人员在古墓中发现碗、罐、盂等陶器。还在同时被发现的东汉砖室墓旁边的唐代砖室墓内发掘出鼠、牛、龙、马、羊、猴、鸡、狗等陶生肖俑，这是广州地区首次考古发现生肖俑随葬墓。这8件完整的陶生肖俑现于广州市文物考古研究院南汉二陵博物馆内保存并展出。